KB133558

스스로 결국 피어나는

당신에게 열두 꽃 여행

여가로운삶

계절이 변하고
날씨가 변하고
마음이 변해도
결국 피어납니다.

모든 꽃은 스스로 피어나기 위해 온 힘을 다합니다.
스스로 주위를 살피고 주어진 환경에 맞춰 온 힘을 다합니다.
주변 모든 것이 때를 잊은 듯 변해도 결국 피어납니다.
늦게 피면 더 오래 나비와 벌과 사람 곁에 머뭅니다.

열두 여행작가가 여행길에서 만난 열두 꽃은
추억이고 환희이며 사랑이고 희망입니다.
꽃을 보며 꽃을 떠올리며
피어난 꽃과 피어날 꽃을 만납니다.

그래서 당신에게 전합니다.
스스로 온 힘 다해 결국 피어나길 기도하며.

그리고
도무지 좁혀지지 않는 땅의 자리와 떨어진 꽃잎 속에
각자 덩그러니 남겨진
우리의 늙은 어머니와 더 늙은 아버지.
당신에게도 열두 꽃 여행을 전합니다.

스스로 결국 피어나는
당신에게 열두 꽃 여행

○
목
차

보랏빛 향기가 번지는 날엔

진심이었던 사랑을 기억하다

절절 끓는 한여름을 환대하는 꽃

이 미인 앞에서 발을 뗄 수가 없다

국화꽃 앞에서 시작하는 가을

빗자루도 이렇게 예쁘다

은모래 해변 붉은 꽃사태 동백나무 숲을 기다리며

한겨울에 피는 수선화 향기를 따라서

올해도 여지없이 봄을 건네러 온 그대

행복 회로가 돌아가는 유쾌한 봄날의 꽃밭

봄바람 타고 살랑이는 핑크빛 설렘

오월 연보라는 느긋하여 내게

라벤더

보랏빛 향기가 번지는 날엔

고성 하늬라벤더 팜

김수진

라
벤
더

고성 하늬라벤더팜

초등학생 무렵부터 1년 중 6월을 가장 좋아했다. 주민등록상 음력 6월생(음력 생일을 챙기면 옛날 사람이라던데...). 음력 6월의 의미를 잘 모르던 어린이는 서류에 적힌 그 날짜가 양력으로 된 달력 날짜인 양 '내 생일'이라 우겼다. 음력 6월이 되는 7월까지 기다리기에는 마음이 급했기 때문이다.

그리고 1989년부터 보라색에 심취했다. '투유초콜릿' 광고에 출연한 장국영(張國榮-배우, 가수)이 보라색 옷을 입고 인터뷰한 《스크린》잡지와 역시 보랏빛 옷을 입고 'To You'를 부르던 방송 〈토요일 토요일은 즐거워〉를 본 다음이었다. 보라색이 이렇게 잘 어울리는 사람이 또 있을까? 보라색이 이토록 신비로운 색상이었나? 그렇게 보라색에 스며들었다.

이런 전력이 있는 사람이 6월에 피는 보랏빛 꽃, 라벤더에 빠져든 건 지극히 자연스러운 현상이다. 생일에 연연하지 않는 나이가 된 지금은 라벤더 꽃물결이 보고 싶어 6월을 기다린다. 멀리 프랑스 프로방스나 일본 홋카이도까지 가지 않더라도 강원도 고성에서 라벤더 꽃밭을 만날 수 있어서 다행이다. 6월이면 산이 아득하게 둘러싼 하늬라벤더팜에 보라색 눈꽃이 쌓인다. 이 보랏빛 꽃밭을 눈앞에 두면 마음을 가라앉히고 편안하게 해준다는 라벤더의 효능을 몰라도 절로 마음이 평온해진다. 꽃밭 사잇길을 잔잔히 거닐며 후각을 집중하면 은은한 향기가 온몸으로 스며든다. '보라보라'한 인생 사진 찍기에 분주해 라벤더가 선사하는 평온함과 향기를 놓치지 말길. 6월의 보랏빛 추억에 달콤함을 더해줄 라벤더 아이스크림도 꼭 맛볼 것.

개화 6월
강원 고성군 간성읍 꽃대마을길 175
033-681-0005

봉수대해변

쪽빛 바다와 모래밭이 어우러진 해변으로, 요즘은 서핑 명소로 꼽힌다. 각종 해양 레저 시설과 야영장 등을 갖춰 다양한 즐거움을 선사한다. 해변에 아기자기한 포토 존이 있어 인생 사진을 남기기도 좋다.

강원 고성군 죽왕면 오호리 68-10 | 033-680-3356
http://bongsubeach.kr

능파대

웅장한 바다를 배경 삼은 기암괴석이 신비로운 풍광을 연출한다. 육지와 이어진 대규모 타포니 지형으로, 암벽에 벌집처럼 파인 구멍이 가득하다. 강원평화지역국가지질공원에 지정됐으며, BTS 화보 촬영지로 알려지면서 유명해졌다.

강원 고성군 죽왕면 괘진길 65 | 033-680-3356

정읍 허브원

정읍 칠보산 기슭에 자리한 허브원에서 대규모 라벤더 꽃밭을 만나보자. 대형 카페가 있어 라벤더 꽃밭을 조망하며 쉴 수 있다.

전북 정읍시 구량1길 188-29 | 063-536-5877
www.instagram.com/herbone.official

고창 청농원

술암제라는 한옥을 갖춘 팜 스테이 농원이다. 라벤더정원, 수국정원, 핑크뮬리정원, 대나무숲길 등이 있어 계절마다 색다른 풍경이 펼쳐진다. 보랏빛으로 물드는 초여름 풍경이 매혹적이다.

전북 고창군 공음면 청천길 41-27 | 063-561-6907
http://gobluefarm.com

거제 지세포진성

조선 시대 산성인 지세포진성(경남기념물) 일원에 라벤더 꽃동산을 조성했다. 보랏빛 꽃밭 너머로 푸른 바다가 내다보여서 환상적이다.

경남 거제시 일운면 지세포리 235-4 | 055-639-4178

광양 사라실라벤더치유정원

조용한 시골 마을에 있어 차분하게 라벤더 향기를 만끽하기 좋다. 인위적인 장치가 적어 자연미가 돋보인다. 라벤더 축제 기간에만 개방한다.

전남 광양시 광양읍 사곡리 625

포천 허브아일랜드

허브를 테마로 다양한 볼거리를 제공하며, 여름에는 라벤더 꽃밭을 조성하고 축제를 연다. 라벤더 배경으로 사진을 찍고, 라벤더를 이용한 소품 만들기 체험도 즐겨보자.

경기 포천시 신북면 청신로947번길 51 | 031-535-6494
www.herbisland.co.kr

수국

진심이었던 사랑을 기억하며

통영 연화도

민혜경

수
국

통영 연화도

통영에 내리자마자 연화도로 떠난 건 오롯이 수국 때문이었다. 6월이 오면 온 섬에 수국이 지천으로 피어 '수국 섬'으로 불린다는 연화도의 수국길이 아른거렸다. 수국은 장마에 피어나 '비의 꽃'으로 불린다. 처음에는 흰색으로 피기 시작해 점차 푸른색이 되기도 하고 붉은 색을 더했다가 보라색으로 변하기도 한다. 뿌리를 내린 토양과 일조량에 따라 변신하는 수국은 피기 전부터 호기심이 만발하는 꽃이다. 꽃말은 또 얼마나 다양한지, 흰색은 변덕과 변심, 파란색은 냉담과 무정, 분홍색은 진실한 사랑, 보라색은 진심이다. 갓 스무 살이 된 여자아이처럼 제멋대로 아름답고 철없이 변덕스러운 수국을 연화도에서 만났다.

연화도선착장에서 수국이 한창인 연화사까진 10분 남짓 걷는다. 길에는 바닷바람이 산산하게 불어온다. 연화사 앞, 소담스럽게 핀 수국을 시작으로 고요한 사찰 풍경에 대조되는 화사한 수국 꽃다발이 반갑기만 하다. 사랑의 모든 감정을 담은 꽃말 때문이었을까. 매혹적인 수국 꽃밭에서 수많은 진심과 변덕과 냉담 사이를 오가던 젊은 날의 기억들이 파도의 하얀 포말처럼 떠올랐다 사라졌다.

연화사에서 보덕암까지 이르는 오르막길은 색색의 꽃이 모여 수국의 향연을 이룬다. 약 1km의 길을 따라 양쪽으로 펼쳐지는 수국길이 로맨틱하다. 언덕길 끝 보덕암 표지판에 닿으면 마침내 수국 숲 너머 용머리해안의 풍광이 황홀하게 드러난다. 용이 바다를 향해 내달리는 형상이 신비로운 바위와 해안은 통영8경으로 꼽힌다. 하늘과 경계를 알 수 없을 만큼 진한 해무가 낀 바다와 수국 꽃밭을 배경으로 인증 사진을 찍는 스무 살 그녀들처럼 오랫동안 차례를 기다려 눈이 시리게 푸른 수국 꽃다발 속에서 오늘의 '진심', 한 컷을 남겼다.

개화 6월 중순
경남 통영시 욕지면 십리골길 110 연화사
055-650-2570

서피랑

벽화마을로 유명한 동피랑과 마주 보는 '서쪽의 비탈' 서피랑은 마
을 중앙을 관통하는 200m 길을 '인사하는 거리'로 지정하면서 활
력을 찾았다. 서피랑99계단은 벽화와 조형물이 조성된 예술작품
으로 주민들이 힘을 보태어 완성한 곳이라 더 의미 있다.

경남 통영시 충렬로 22 | 055-650-0580

통영케이블카

통영 미륵산에 설치한 통영케이블카는 길이 1975m로 상부역사까지 약 9분이 걸린다. 친환경 설계 덕분에 환경보호는 물론, 안락한 승차감으로 한려수도의 수려한 풍광을 편안히 감상한다. 펫 프렌들리 케이블카를 오픈해 반려동물 탑승도 가능하다.

경남 통영시 발개로 205 | 1544-3303
통영관광개발공사 http://cablecar.ttdc.kr/Kor

부산 태종대

태종대유원지에 있는 태종사 수국은 주지 스님이 40여 년간 세계 각국의 수국을 수집·재배해 왔으며, 현재 30여 종 5000그루가 장관을 이룬다. 수국꽃문화축제는 부산의 대표적인 여름 축제다.

부산 영도구 전망로 119 태종사 | 051-405-4848

제주 한림공원

해마다 6월 중순이면 33만여 m² 대지에 수국 축제가 열린다. 수국동산에는 1000여 본의 수국과 산수국이 한가득 피어난다. 수국 축제 기간에는 수국 하바리움 만들기, 수국 토피어리 만들기 등의 체험을 할 수 있다.

제주 제주시 한림읍 한림로 300 | 064-796-0001 | www.hallimpark.com

광주 화담숲

여름 수국 축제가 시작되면 수국원을 비롯한 곳곳에서 100여 종 7만 그루가 넘는 수국을 감상할 수 있다. 큰잎수국, 목수국, 미국수국, 산수국 등 소담하고 아름다운 수국 세상이 펼쳐진다.

경기 광주시 도척면 도척윗로 278-1 | 031-8026-6666 | www.hwadamsup.com

서귀포 카멜리아힐

제주 방언으로 도채비고장(도깨비꽃)이라 불리는 산수국은 5월 말부터 피기 시작한다. 수국이 풍성한 카멜리아힐은 곳곳에 근사한 포토 존이 많아, 인생 사진 찍기에 최적의 장소다.

제주 서귀포시 안덕면 병악로 166 | 064-800-6296 | www.camelliahill.co.kr

신안 도초수국공원

도초도 환상의정원에 자리 잡은 수국공원은 축구장보다 170배 넓은 폐교 부지에 수국 15종 3만여 그루를 심었다. 산수국, 나무수국, 불두화 등 수백만 송이가 피어 장관을 이룬다.

전남 신안군 도초면 지남리 973 | 061-240-4007

해남 포레스트수목원

국내 최대 수국 정원으로 이름난 포레스트수목원은 7000여 그루에서 형형색색 탐스러운 꽃봉오리가 피어난다. 땅끝 수국 축제가 열리는 이곳에는 예쁜 포토 존이 많아 사진 찍는 즐거움이 있다.

전남 해남군 현산면 봉동길 232-118 | 061-533-7220 | www.4est수목원.com

배롱나무

절절 끓는 한여름을 환대하는 꽃

담양 명옥헌 원림

강민지

배롱나무

담양 명옥헌 원림

배롱나무꽃은 첫여름을 화려하게 알리는 꽃이다. 더위가 시작되는 소서에 고요히 꽃망울을 맺고, 뙤약볕 아래 폭죽 터뜨리듯 꽃잎을 피워 올린다. 불붙는 듯 번져 가는 진분홍색 꽃을 보고 있으면 비로소 여름이 왔다는 게 실감 난다. 배롱나무는 100일에 걸쳐 붉은 꽃이 핀다고 해서 '백일홍'이라는 이름으로 많이 알려졌다. 부처꽃과에 속하는 배롱나무는 서원이나 사찰에 많이 심었다. 무더위에도 꿋꿋하게 꽃을 피우듯 수행과 공부를 게을리하지 말라는 뜻이 담겼으리라.

배롱나무꽃을 원 없이 보고 싶다면 8월 중순께 비 오는 날 아침, 담양 명옥헌 원림(명승)에 가보라 권하고 싶다. 명옥헌 원림은 인근 소쇄원과 함께 조선의 대표적인 별서 정원이다. 수령 100년이 넘은 배롱나무 20여 그루가 연못과 정자를 감싸 안았는데, 원림을 수놓은 진분홍색 꽃잎에 멀미가 날 지경이다. 인적 드문 이른 아침, 빗소리 그득한 원림은 한층 운치 있다.

연못을 빙 돌아 꽃길을 밟고 오르면 방 한 칸 놓인 정자가 보인다. 명옥헌은 조선 인조 때, 선비 오희도의 넷째 아들 오이정이 지은 정자다. 정자 뒤로 샘물이 흐르는 소리가 옥이 부딪히는 듯해 명옥헌이라 이름 붙였다지. 마루에서 바라보이는 모든 풍경이, 폭염을 잊게 하는 바람까지 온전히 당신 것이다. 처마 밑도, 문밖도 눈 돌리는 곳마다 온통 배롱나무다. 배롱나무꽃은 우르르 피거나 지지 않는다. 꽃 한 송이, 한 송이가 피고 지기를 반복한다. 그렇게 100일 동안 여름을 오롯이 관통한다. 한여름을 가로질러 늦여름까지 정성스레 피는 꽃을 보고 있자면 숨 막히는 더위도 견딜 만하다는 생각이 든다.

개화 7월
전남 담양군 고서면 후산길 103
061-380-3752

소쇄원

담양 소쇄원(명승)은 양산보가 조성한 조선 중기의 민간 원림이다.
우리나라 전통 정원의 백미로 꼽힌다. 입구부터 빽빽한 대숲, 계곡
물길과 어우러진 독특한 담장, 제월당과 광풍각 등 원림의 아름다
움을 만끽할 수 있다.

전남 담양군 가사문학면 소쇄원길 17 | 061-381-0115
www.soswaewon.co.kr

슬로시티 창평

2007년 완도 청산도, 신안 증도와 더불어 아시아 최초 슬로시티로 지정됐다. 조선 시대 전통 가옥과 300년이 넘은 돌담이 마을에 고 스란히 남아 있다. 3.6km 이어진 돌담을 따라 산책하거나 슬로시 티방문자센터에서 자전거를 빌려 마을을 한 바퀴 돌아봐도 좋다.

전남 담양군 창평면 돌담길 9-22

안동 병산서원

안동 병산서원(사적)은 2019년 유네스코 세계유산으로 지정된 '한국의 서원' 가운데 하나다. 병산서원의 백미는 누마루인 만대루(보물)와 보호수로 지정된 배롱나무 여섯 그루다. 장판각, 존덕사와 전사청 앞에 수령 380년 된 배롱나무가 호위하듯 서 있다.

경북 안동시 풍천면 병산길 386 | 054-858-5929 | www.byeongsan.net

장흥 송백정

수령 100년 넘은 배롱나무 50여 그루가 둘러싼 연못이다. 진분홍색, 보라색, 연보라색, 하얀색 배롱나무꽃이 한데 피어 이색적이다.

전남 장흥군 장흥읍 평화리 94-2 | 061-860-5771

강진 백련사

만덕산 자락에 자리한 천년 고찰 백련사에는 수형이 아름답기로 유명한 배롱나무가 있다. 한여름이면 수령 200년 된 배롱나무가 만경루와 산신각 앞을 붉게 물들인다.

전남 강진군 도암면 백련사길 145 | 061-432-0837 | www.baekryunsa.net

경주 계림

경주 계림(사적)은 경주 김씨 시조 김알지의 탄생 설화가 서린 천년 숲이다. 고목 100여 그루가 울창한 숲을 이루는데, 보라색과 진분홍색 배롱나무꽃이 필 때면 더욱 신비한 분위기를 풍긴다.

경북 경주시 교동 1 | 054-779-8743

강릉 오죽헌

강릉 오죽헌(보물) 앞마당에는 우리나라에서 수령이 가장 오래된 배롱나무가 있다. 수령 600년 된 율곡매(천연기념물)와 함께 오죽헌을 상징하는 나무다. 배롱나무꽃은 강릉시의 시화다.

강원 강릉시 율곡로3139번길 24 | 033-660-3301~8

영동 반야사

반야사 극락전 앞에는 수령 500년 된 배롱나무 두 그루가 삼층석탑(보물)과 함께 위엄을 뽐낸다. 망경대 절벽 위 문수전, 호랑이 형상을 한 돌무더기 등도 볼거리다.

충북 영동군 황간면 백화산로 652 | 043-742-4199 | www.banyatemple.co.kr

꽃무릇

이미 인 앞에서
발을 뗄 수가
없다 고창 선운사

최갑수

꽃
무
릇

고창 선운사

선운사 하면 봄을 떠올릴 것이다. 미당 서정주의 시 '선운사 동구'로, 대웅전 뒷산을 뒤덮은 아득한 동백꽃으로 기억되는 절, 선운사. 하지만 선운사가 봄보다 아름다울 때가 있으니 가을이다. 9월 말에서 10월 말까지 딱 한 달. 붉은 꽃무릇이 선연하게 피고, 꽃무릇이 지면 단풍이 쏟아진다.

꽃무릇은 선운사로 향하는 길을 따라 난 도솔천 건너편에 많이 핀다. 도솔천 건너편은 단풍나무, 참식나무, 굴참나무가 빽빽한 숲이다. 나무 아래마다 꽃무릇이 붉은 피를 뿌려놓은 듯 낭자하다. 징검다리를 건너면 꽃 천지로 갈 수 있다. 꽃밭에는 아담한 산책로가 있어 꽃을 감상하기 좋다.

꽃무릇을 상사화와 혼동하는 이가 많은데 엄연히 다른 꽃이다. 상사화는 칠석 전후에 피고, 꽃무릇은 백로와 추분 사이에 핀다. 잎과 꽃이 만나지 못하는 '화엽불상견(花葉不相見)'은 같다. 그래서 꽃무릇은 애처롭다. 평생을 가도 잎과 꽃이 만나지 못하니 슬프다. 생긴 모양도 그렇다. 가느다란 줄기 위에 덩그러니 앉은 꽃송이가 위태롭게 보인다. 살랑이듯 부는 가을바람에도 꽃대는 부러질 것처럼 휘청한다.

가을 선운사는 입구부터 눈이 호사를 누린다. 절 경내에 들어서면 온통 초록색과 붉은색이다. 나무 그늘마다 누군가 일부러 촘촘히 뿌린 듯 꽃무릇이 피었다. 양탄자를 깐 듯하다. 꽃을 보는 가장 좋은 방법은 그 앞에 쪼그리고 앉는 것이다. 꽃에 최대한 다가간다. 자세히 보아야, 오래 보아야 망막에 꽃이 가득 차고, 콧속으로 진한 향이 밀려온다. 꽃무릇의 꽃잎은 미인의 속눈썹처럼 길고 가느다랗게 휘어져 있는데, 이 아름다움에 취한 이들은 쉽게 일어서지 못한다.

개화 9월 말
전북 고창군 아산면 선운사로 250
063-561-1422

도솔암

선운사 입구에서 3km 가까이 숲길을 따라가면 도솔암에 닿는다.
정확한 이름은 도솔천 내원궁. 벼랑 끝에 터를 겨우 닦아 만든 암
자다. 암자 뒤 절벽에는 거대한 마애불이 새겨져 있다. 선운사에서
도솔암 가는 길은 꽃무릇이 지면 울긋불긋한 단풍으로 물든다.
길이 평탄해 아이들도 갈 수 있다.

전북 고창군 아산면 도솔길 294 | 063-564-2861
www.dosolam.kr

고창읍성

고창읍성은 전남 순천의 낙안읍성, 충남 서산의 해미읍성과 더불어 국내 3대 읍성으로 꼽힌다. 모두 사적으로 지정·보호된다. 둘레가 1684m에 이르는데, 성곽 위나 바깥길로 한 바퀴 돌 수 있다. 성곽 안 소나무 숲길, 맹종죽 숲도 운치 있다. 동문과 서문, 북문, 작청, 동헌, 객사, 내아, 관청 등이 복원되었다.

전북 고창군 고창읍 읍내리 125-9 | 063-560-8067

영광 불갑사

국내 최대 꽃무릇 군락이다. 산문 밖에서 펼쳐지기 시작한 꽃무릇 군락은 불갑사 경내를 지나 등산로까지 이어진다. 불갑사 입구만 보고 가는 사람이 대부분이지만, 등산로 주변에도 많으니 꼭 돌아보시길. 불갑사 대웅전(보물) 뒤, 불갑저수지 주변이 꽃무릇이 가장 아름다운 포인트다.

전남 영광군 불갑면 불갑사로 450 | 061-352-8097

함평 용천사

불갑사와 가깝다. 불갑사가 관광객으로 붐비는 반면, 용천사는 비교적 한가하게 꽃무릇을 감상할 수 있다. 절집 뒤 대숲 산책로에 양탄자처럼 깔린 꽃무릇 군락이 탄성을 자아낸다. 돌담과 어울려 핀 꽃무릇도 운치 있다.

전남 함평군 해보면 용천사길 209 | 061-322-1822

세종 영평사

조용하고 호젓한 분위기의 절이다. 꽃무릇이 선운사나 불갑사, 용천사처럼 군락을 이루지 않고 절 곳곳에 피었다. 구절초 군락으로도 유명하다.

세종 장군면 영평사길 124 | 044-857-1854 | www.youngpyungsa.co.kr

남해 앵강다숲마을

남해 앵강다숲마을 신전숲은 400여 년 전부터 주민들이 가꿔온 방풍림이다. 초록 숲과 붉게 물든 꽃무릇이 신비로움을 자아낸다. 신전숲에 조성된 덱 길을 따라가며 아름다운 꽃무릇을 감상한다.

경남 남해군 이동면 성남로 105 | 055-863-0964 | www.agds.co.kr

아스타국화

국화꽃 앞에서 시작하는 가을

거창 감악산

유은영

아스타국화

> 저마다 누런 잎을 접으면서도
> 억척스럽게 국화가 피는 것은
> 아직 접어서는 안 될
> 작은 날개들이 저마다의 가슴에
> 움트고 있기 때문이다. 길상호

거창 감악산

더위가 물러나고 하늘이 높아지기 시작하면 입 안에 맴도는 시가 있다. 길상호 시인의 〈국화가 피는 것은〉이다. 온갖 아픔을 견뎌낸 이들이 이 시의 주인공이다. 뜨거운 여름을 견디고 피워낸 작은 국화 앞에서 꺾이지 않은 마음들이 위로받는 시간. 붉게 물드는 단풍도, 휘휘 나부끼는 갈대도 아닌 소박한 국화꽃 앞에서 가을을 시작한다.

거창 감악산 풍력단지 일대에 조성된 아스타국화밭은 가을 첫 여행지로 나무랄 데가 없다. 9월 중순부터 아스타국화로 뒤덮인다. 청보라, 진보라, 연보라... 온갖 보랏빛으로 수놓인 찬란한 꽃밭이 끝없이 펼쳐진다. 꽃밭과 함께 우뚝 선 하얀색의 풍력발전기들이 이국적인 감성을 더해준다.

높이 8m의 전망대에 오르면 드넓은 아스타국화 군락과 탁 트인 전망이 한눈에 들어온다. 광활한 꽃밭 너머 겹겹이 너울대는 산자락이 시선을 사로잡는다. 덕유산, 가야산, 지리산, 오도산 등 한국 명산 100선에 오른 아름다운 산들이다.

해마다 9월 말부터 10월 초에는 '감악산 꽃&별 여행' 축제가 열린다. 축제의 이름처럼 한낮의 꽃구경뿐만 아니라 늦은 밤 별 구경까지 할 수 있다. 빛 공해가 없는 청정지역 밤하늘에는 유난히 별이 많고, 빛난다.

사람들이 가장 붐비는 시간은 해가 질 무렵이다. 풍력발전기 사이로 지는 웅장한 노을을 보기 위해서다. 억척스러운 하루를 접으며 노을을 향해 선 사람들은 '아직 접어서는 안 될 작은 날개'를 가진 국화꽃이다.

개화 9월 중순
경남 거창군 신원면 연수사길 456
055-940-3390

수승대

거창 수승대(명승)는 깊은 계곡과 숲이 어우러져 예부터 영남 제일 동천으로 손꼽혔다. 경남유형문화재로 지정된 요수정과 구연서원 관수루, 거대한 거북바위 등 볼거리가 많다. 계곡을 따라 난 산책로는 느긋하게 걸으며 자연을 만끽하기에 더없이 좋다.

경남 거창군 위천면 황산리 890 | 055-940-8530

항노화힐링랜드

거창의 진산인 우두산 자락에 자리 잡은 산림 치유 공간이다. '쉬
어가조' '내안의 오감여행' 등 치유 프로그램을 운영한다. 견암폭
포와 희귀 식물을 감상할 수 있는 자생식물원이 조성되었고, 국내
최초 Y 자형 출렁다리가 전국 핫 플레이스로 떠올랐다.

경남 거창군 가조면 의상봉길 834 | 055-940-7930

정읍 구절초테마공원

가을이면 옥정호를 둘러싼 산자락에 비밀의 화원이 열린다. 정읍시 산내면 매죽리 야산에 조성된 구절초테마공원이 그 주인공. 소나무가 빼곡한 솔숲 전체가 하얗게 구절초로 수놓인다.

전북 정읍시 산내면 매죽리 571 | 063-539-5697

세종 영평사

정읍과 함께 구절초 양대 산맥으로 꼽힌다. 영평사 주변 장군산 자락을 따라 하얗게 흐드러진 구절초가 장관이다. 소박한 구절초와 고즈넉한 사찰이 그림처럼 어우러진다. 해마다 가을이면 장군산구절초꽃축제가 열린다.

세종 장군면 영평사길 124 | 044-854-1854 | www.youngpyungsa.co.kr

함평 엑스포공원

봄이면 나비축제로 유명한 함평. 가을에는 들판이 형형색색 국화로 물든다. 함평엑스포공원에서는 열리는 대한민국국향대전은 전국 크고 작은 국화축제 중 첫손에 꼽힐 만큼 즐길 거리가 풍성하다.

전남 함평군 함평읍 곤재로 27 | 061-320-2238

성주 가야산야생화식물원

가야산야생화식물원에 가을이 오면 연보랏빛 벌개미취가 만발한다. 국화과인 벌개미취는 9월에 만개한다. 전시관, 가야산자생식물원, 야생화학습관, 전망대, 온실 등 볼거리가 많다.

경북 성주군 수륜면 가야산식물원길 49 | 054-931-1264
www.sj.go.kr/gayasan

파주 벽초지수목원

365일 꽃이 지지 않는 곳으로 이름난 곳이다. 특히 오색찬란한 국화가 앞 다투어 피어나는 가을을 놓쳐서는 안 된다. 국화 외에도 코스모스, 꽃무릇, 참싸리, 땅귀개까지 가을꽃 잔치가 벌어진다.

경기 파주시 광탄면 부흥로 242 | 031-957-2004 | www.bcj.co.kr

신안 반월도

퍼플섬으로 유명한 전남 신안 반월도와 박지도. 보라색의 퍼플교로 이어진 두 섬은 지붕부터 마을을 다니는 전동차까지 온통 보랏빛이다. 아스타국화로 뒤덮이는 가을이면 섬 전체가 보라색으로 물든다.

전남 신안군 안좌면 소곡두리길 257-35 | 061-262-3003

댑싸리

빗자루도 이렇게 예쁘다

연천 임진강댑싸리공원

김숙현

댑
싸
리

연천 임진강댑싸리공원

단풍보다 더 붉게 가을을 물들이는 댑싸리. 마당이나 거리를 청소하는 빗자루를 만들 때 사용하는 한해살이풀이다. 토종 댑싸리는 누렇게 바래는데, '코키아'라고 도 부르는 원예용 댑싸리는 줄기부터 핑크빛으로 물들기 시작해 가을이 깊을수록 붉어진다. 멀리서 보면 들판에 빨간 털 뭉치를 던져놓은 것 같다. 복슬복슬해 보이는 생김새가 포근한 테디 베어를 연상시킨다.

연천 임진강댑싸리공원은 국내에서 유일하게 댑싸리를 메인으로 한 꽃밭이다. 내비게이션에서 검색되지 않으면 '연천 삼곶리 돌무지무덤'을 입력한다. 돌무지무덤 주변에 드넓은 꽃밭을 조성했는데, 절반 이상이 댑싸리다. 연천군 중면행정복지센터 입구에서 좌회전하면 공원이 나온다. '돌무지십리꽃길' '댑싸리공원' 이정표가 있다.

연천 임진강댑싸리공원은 3만㎡ 규모로 넓고 쉼터와 포토 존 등이 마련돼 꽃놀이하기 좋다. 최근 몇 년 사이 댑싸리 꽃밭을 대규모로 조성하는 곳이 늘어나고 있는데, 임진강댑싸리공원은 면적이 압도적일 뿐만 아니라 댑싸리가 유난히 크고 풍성하다. 임진강 변의 비옥한 토질 덕분이다. 칸나, 백일홍, 일일초, 황화코스모스 등 다른 꽃도 크고 꽃송이가 탐스럽다.

공원이 조성된 연천 삼곶리 돌무지무덤(경기기념물)은 2~3세기에 만든 것으로 보이는 백제 무덤이다. 임진강에서 500여 m 떨어진 강변에 발달한 계단식 충적토 위에 형성됐는데, 돌을 구하기 쉬운 강변에 시신을 안치하고 무덤을 만든 것으로 추정한다. 돌무지무덤이라는 안내가 없었다면 '웬 돌이 이렇게 쌓였나…' 하고 지나칠 정도로 소박하다. 무덤이 주변보다 약간 높아 이곳에 서면 공원 일대를 조망하기 좋다.

개화 10월 중순
경남 경기 연천군 중면 삼곶리 422
031-839-2709

그리팅맨

임진강이 내려다보이는 옥녀봉 정상에 우뚝 선 높이 10m 조형물
이다. 북녘을 향해 15°로 고개 숙여 인사하는 '그리팅맨'은 유영호
작가의 작품으로, 인사하는 행위를 통해 소통과 화합을 염원한다.
사방이 탁 트여 임진강 상류나 군남댐 일대를 굽어보기 좋다.

경기 연천군 군남면 옥계리 832 | 031-839-2061

호로고루

임진강 기슭 절벽 위에 자리한 연천 호로고루(사적)는 고구려와 백제, 신라의 흔적이 모두 있어 이 일대가 삼국이 각축을 벌인 군사적 요지임을 알 수 있다. 성 위까지 S자로 이어진 하늘계단, 성 아래 드넓은 해바라기밭 등이 SNS에 자주 올라오는 포토 스폿이다.

경기 연천군 장남면 원당리 1257-1 | 031-839-2565

서울 하늘공원

하늘공원은 억새로 유명한데, 공원 일부에 댑싸리와 핑크뮬리도 대규모로 심어 가을철이면 장관을 이룬다. 황금빛 억새에 핑크빛 색감이 더해져 다채로운 생동감이 느껴진다. 늦은 오후에 방문하면 노을과 야경까지 감상할 수 있다.
서울 마포구 하늘공원로 95 | 02-300-5501

양주 나리농원

해마다 9월 초부터 10월 중순까지 양주천만송이천일홍축제가 개최되는 나리농원은 다양한 가을꽃을 볼 수 있는 곳이다. 천일홍이 가장 많고 대표적이지만, 댑싸리, 핑크뮬리, 팜파스그라스도 인기다.
경기 양주시 광사동 816 | 031-8082-7227

구리 한강시민공원

구리한강시민공원에는 봄부터 가을까지 꽃이 활짝 핀다. 산책하거나 자전거 타기 좋고, 다양한 체육 시설도 갖췄다. 가을이면 댑싸리가 붉게 물들어 파란 하늘과 대비된다.
경기 구리시 코스모스길14번길 249 | 031-550-3789

경주 동부사적지구 꽃단지

경주 첨성대 주변에 계절별로 다양한 꽃이 피고 진다. 가을에는 핑크뮬리가 가장 유명하지만, 댑싸리와 황화코스모스도 제법 넓게 식재하고 있으니 놓치지 말 것.
경북 경주시 인왕동 839-1 | 054-779-8755

의령 호국의병의숲친수공원

낙동강과 남강이 만나는 지점에 조성한 수변 생태 공원이다. 임진왜란 때 곽재우 장군이 의병을 모아 처음 승리한 장소라고. 댑싸리, 코스모스, 핑크뮬리, 메밀꽃 등이 가득 피어난다.
경남 의령군 지정면 성산리 672 | 055-570-2114

철원 고석정꽃밭

탱크가 기동훈련을 하던 곳이 거대한 꽃밭으로 다시 태어났다. 봄가을에 꽃을 심어 두 달씩 꽃밭을 운영한다. 입장료는 절반을 철원사랑상품권으로 돌려줘 지역 경제 활성화에 도움이 된다. 붉게 물든 댑싸리를 보려면 시즌이 끝날 무렵에 찾는 게 좋다.
강원 철원군 동송읍 태봉로 1769 | 033-455-7072

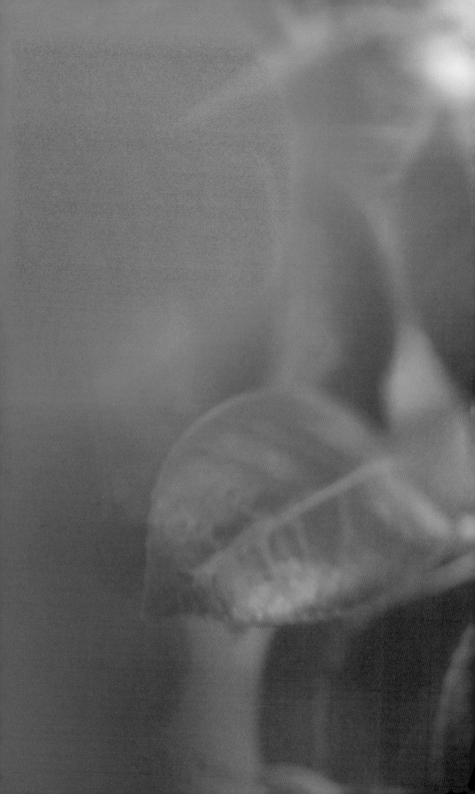

동백

은모래 해변 붉은 꽃사태 동백나무 숲을 기다리며

서천 마량리 동백나무숲

장태동

동
백

서천 마량리 동백나무숲

바닷가 언덕에 수백 년 동안 꽃을 피우는 동백나무 숲이 있다. 그 숲 아래 바다는
은모래 눈부신 해변이었다. 화력발전소가 생기고 바닷가가 개발되면서 사라진 은
모래 해변을 기억하는 사람들은 '이화여대 별장'이란 이름도 빼놓지 않는다. 넘실
대는 바다, 은모래 해변, 바닷가 언덕 숲 붉은 동백꽃. 옛 풍경을 다시 볼 날을 그
리며 그 풍경에 깃든 수백 년 전 이야기를 떠올렸다.

조선시대에 수군 첨사가 꿈을 꾸었다. 마량리 앞바다에 꽃들이 떠 있었고, 꽃을
건지려고 바다에 들어가니 "그 꽃을 잘 가꿔 살리면 마을도, 마을 사람들도 평안
하리라"는 음성이 들렸다. 첨사는 그 꽃을 바닷가 언덕에 심었다. 꽃은 숲을 이루
었다.

꿈을 닮은 바닷가 언덕은 해마다 봄이면 동백꽃이 피어나는 숲이 됐다. 동백나무
수백 그루 가운데 수령 500년 정도 된 나무 80여 그루가 천연기념물로 지정됐다.

동백나무 숲 동백정으로 걷는다. 줄기 굵은 동백나무들이 분재처럼 가지를 퍼뜨
렸다. 바닷바람에 줄기를 곧게 펴 위로 자라지 못하고 옆으로 줄기를 퍼뜨려 자라
야만 했다. 바닷가 마을 사람들의 안녕을 비는 하루하루처럼, 바닷가 언덕 동백나
무들도 가지를 비틀며 바람을 견디고 혹한과 혹서를 이겨내야 했다. 사람들은 숲
을 가꾸고 숲은 사람들의 마음을 달랬다. 마을의 안녕과 풍어를 빌던 곳에 마량
당집을 지었다. 사람들의 마음은 그렇게 수백 년 동안 이어지고 있다.

달빛 바다 월하성(月下城) 마을이 '봄동백' 피는 마량리 마을과 같은 바다를 나누
고 있으니, 달 뜬 봄밤 그 바다의 동백은 무슨 그리움일까.

개화 3월 중순
충남 서천군 서면 서인로235번길 103
041-952-7999

시간이멈춘마을

아름다운 추억으로 떠나는 시간 여행. 옛 정미소, 시골 극장, 술
을 빚던 주조장, 옛 역전을 지키듯 서 있는 소나무, 오래 묵은
맛... 판교 시간이멈춘마을에서 현재에 남은 추억의 풍경을 본다.
1930~1980년대 건물과 거기 얽힌 이야기가 있는 곳이라는 안내
판 글귀보다 그 거리에 부는 추억 같은 바람 한 줄기가 살갑다. 마
을 사람들이 만든 수공예품을 보는 시간은 덤이다.

충남 서천군 판교면 종판로 882-8

장항송림산림욕장과 장항스카이워크

바닷가 소나무 숲을 걷고, '하늘길'에서 솔숲과 바다가 어우러진 풍경을 본다. 송림리 모래 해변 1.5km, 그 옆 솔숲과 맥문동이 있는 산책로 3.5km, 솔숲 위 공중에 놓인 250m 길이의 장항스카이워크 이야기다. 장항스카이워크 반환점 기벌포해전전망대에서 바라보는 바다는 신라의 삼국 통일 마지막 과업이었던, 당나라 군대를 몰아내는 데 결정적 역할을 한 기벌포 해전, 그 승리의 바다다.

충남 서천군 장항읍 송림리 산 65 장항송림산림욕장
충남 서천군 장항읍 장앙산단로34번길 122-16 장항스카이워크 | 041-956-5505

목포 유달산

거대한 바위산, 전망 좋은 곳에 지은 대학루와 유선각, 소요정도 풍경과 하나다. 동백꽃은 무리 짓지 않고 바위나 소나무와 함께, 사람들 발길 닿는 길가에 피어난다. 그 길 어디쯤 떨어진 동백꽃이 발치에서 더 아름답기도 하다.
전남 목포시 죽교동 산 42-2 | 061-270-8411

여수 향일암

향일암 동백의 진수를 보려면 관음전으로 가야 한다. 동백나무가 해수관음상을 품었다. 후박나무와 동백나무가 하나로 자란 연리근 이름이 '사랑나무'다. 사랑나무에서 핀 동백꽃이 해수관음상의 깨달음처럼 보인다.
전남 여수시 돌산읍 향일암로 1 | 061-644-4742

여수 오동도

동백나무 3000여 그루가 군락을 이루었다. 동백나무와 여러 나무가 어우러진 약 2.5km 산책로를 걷는다. 이순신 장군이 화살을 만들었다는 신우대가 동백나무와 잘 어울린다. 시야가 트이는 곳에서 만나는 옥빛 바다도 볼만하다.
전남 여수시 오동도로 222 | 061-659-1819

보성 현부자네집

소설 《태백산맥》에 나오는 현부자네집 동백꽃을 보면 '소화'가 떠오른다. 엄혹한 시절, 어린 나이에 무당이 되고 정하섭과 나눈 사랑의 맹세. 혹독한 겨울에 꽃을 피우는 동백이 소화를 닮았다.
전남 보성군 벌교읍 홍암로 89-28

강진 백련사

강진 백련사 동백나무 숲(천연기념물)은 동백나무 1500여 그루가 군락을 이룬 곳이다. 백련사 혜장선사는 대흥사 일지암 초의선사, 다산초당 정약용과 교류하며 차 문화를 부흥했다. 동백나무 숲을 돌아보고 다산초당까지 걸어도 좋다.
전남 강진군 도암면 백련사길 145 | 061-432-0837
www.baekryunsa.net

부산 해운대 동백섬

해운대 해변 백사장 서쪽 끝 동백섬은 동백나무 군락지다. 동백섬 순환산책로를 따라 걷다가 누리마루APEC하우스를 지나 전망 덱에 선다. 누리마루APEC하우스, 해운대, 광안대교가 한눈에 들어온다.
부산 해운대구 우동 708-3 | 051-749-7621

수선화

한겨울에 피는 수선화 향기를 따라서

서귀포 제주추사관

진우석

수
선
화

서귀포 제주추사관

수선화가 피었을까? 겨울철 제주에 가면 꼭 들러보는 곳이 대정읍 일대다. 제주 추사관, 대정읍성, 대정향교(제주유형문화재) 등 곳곳에서 1월부터 수선화가 핀다. 꽃과 눈을 맞추고 맑은 향을 맡으며 한 해를 향기롭게 시작한다. 수선화 덕분에 추사 김정희(1786~1856년)를 새롭게 알았다. 추사가 수선화를 그렇게 좋아했는지 몰랐다.

제주추사관에 전시된 추사의 글씨를 찬찬히 둘러본다. 추사영실에 들어서자 인자해 보이는 추사 흉상이 반긴다. 추사는 54세가 되던 해인 1840년 윤상도 옥사 사건에 연루되어 곤장을 맞고 제주 대정으로 유배됐다.

추사 흉상 앞에는 수선화 한 무더기가 놓여 있다. 수선화 향기 덕분인지 추사가 살짝 웃는 듯 보인다. 수선화를 몹시 사랑한 추사는 꽃과 관련한 시를 여러 편 남겼다. 그중《완당선생전집》에 나오는 〈수선화〉를 읽어보자.

> 한 점의 겨울 마음 송이송이 둥글어라
> 그윽하고 담담하고 냉철하고 빼어났네
> 매화가 높다지만 뜨락을 못 면했는데
> 맑은 물에 해탈한 신선을 보겠구려

추사는 수선화를 매화보다 한 수 높게 평가한다. '해탈한 신선'이란 표현이 절묘하다. 제주의 거친 들녘에서 추위를 뚫고 피는 수선화에서 자기 모습을 보지 않았을까. 추사는 무려 8년 3개월 동안 이어진 궁핍한 유배 생활을 통해 자유분방한 추사체와 '세한도'를 완성했다.

제주추사관 뒤쪽에 강도순의 집이 있다. 초가 담벼락에 수선화가 올망졸망 피었다. 추사는 강도순의 초가 한 채에서 유배 생활을 했다. 수선화에 코를 대고 향기를 맡아본다. 은은하면서도 서늘한 향기가 진동한다.

개화 1월
제주 서귀포시 대정읍 추사로 44
064-710-6865

바굼지오름(단산)

바굼지오름은 대정읍 일대의 주산 같은 존재다. 단산사 뒤로 등산
로가 있다. 난대림과 대숲 등을 번갈아 지나면 정상에 올라선다.
조망은 제주의 절반이 한눈에 보인다고 해도 과언이 아니다. 산방
산이 손에 잡힐 듯하고, 한라산이 아스라하다. 푸른 대정 들판과
너른 바다가 시원하게 펼쳐진다.

제주 안덕면 향교로 165-23 | 064-740-6000

대정향교

대정향교는 제주의 숨은 수선화 명소다. 향교에 들어서면 수선화
향기가 진동한다. 건물 아래, 잔디밭, 돌담 아래 수선화가 가득하
다. 유생들이 기거하던 동재에 걸린 '의문당(疑問堂)' 현판이 추사
의 글씨다. 추사가 유생들에게 바라는 마음이 담겨 있다.

제주 서귀포시 안덕면 향교로 165-17 | 064-740-6000

서산 유기방 가옥

서산 유기방 가옥(충남민속문화재)은 1900년대 초에 지었으며 한옥과 소나무가 빽빽한 야산이 어우러진다. 특히 둥그렇게 곡선을 그리는 담벼락이 고풍스럽다. 4월에 야산 솔숲 사이로 황금빛 수선화가 가득 핀다.
충남 서산시 운산면 이문안길 72-10 | 041-663-4326

부산 오륙도해맞이공원

해파랑길 1코스 시작점인 오륙도해맞이공원이 수선화 명소로 거듭났다. 노란 수선화 군락 뒤로 펼쳐진 푸른 바다가 일품이다. 오륙도스카이워크, 이기대해안 산책로 등을 걷기 좋다.
부산 남구 용호동 산 197-5

거제 공곶이수목원

지형이 궁둥이처럼 툭 튀어나와 공곶이라 부른다. 강명식·지상악 부부가 1957년부터 50년 넘게 가꾼 농원이다. 봄이 오면 빨간 동백꽃과 노란 수선화가 장관을 이룬다.
경남 거제시 일운면 와현리 87 | 055-681-1520

홍성 거북이마을

거북이를 닮은 보개산 아래 안긴 마을이다. 고려 말 충신 담양 전씨 3은(야은, 뇌은, 경은)을 모신 사당 구산사가 있다. 봄철 벚꽃과 수선화가 흐드러진 풍광이 일품이다.
충남 홍성군 구항면 거북로 422-41

신안 선도

전남 신안군 지도읍에 딸린 선도(蟬島)는 섬의 생김새가 매미 같이 생겼다 해서 붙여진 이름이다. 선도는 현복순 할머니가 집 마당과 밭에 수선화를 키우기 시작하면서 수선화의 섬으로 변신했다. 3월 말부터 4월 초까지 수선화 축제가 열린다.
전남 신안군 지도읍 선도리 | 061-271-1004

매화

올해도 여지없이 봄을 건네러 온 그대

광양 섬진강

김정흠

매
화

광양 섬진강

차디찬 바람이 따스한 햇볕과 어우러지며 묘한 온도의 공기를 만들어 낼 즈음, 달콤한 향이 은은하게 콧등에 내려앉는다. 그럴 때면 나도 모르게 발걸음을 멈추고 주위를 두리번거린다. 기나긴 겨울 끝에 처음으로 만난 향이라면 더욱더 그렇다. 그래, 저기 있구나. 아직 봄이 오지 않았다는 듯 앙상한 나뭇가지만 내보이는 다른 초목 사이에서 새하얀 꽃망울을 터뜨린 매화. 올해도 여지없이 봄을 건너러 왔다.

내가 전국 어디에서 매화를 만났는지는 중요치 않다. 곧장 채비한 뒤에 달려가는 곳은 아무래도 섬진강 변이다. 봄을 맞이하는 나만의 경건한 의식이다. 의식의 출발점은 구례다. 구례에서 섬진강을 따라 광양 방향으로 천천히 도로를 따라 달린다. 창문을 활짝 열고. 섬진강 가에서 살아가는 사람들이 집 앞에 서너 그루씩 심어둔 매화나무를 찾아 이리저리 탐색의 시간을 갖는다. 마음에 드는 곳을 발견할 때마다 멈춰 선다. 겨우 정신을 차리고 다시 차에 올라 액셀러레이터를 가볍게 밟으면 은은한 향이 창문을 타고 넘나든다. 향에 취하고, 안온한 공기에 젖는 순간이다.

홍쌍리 청매실농원 앞 주차장에 차를 두고는 슬렁슬렁 거닐어 본다. 과수원의 깊고도 긴 산책로를 따라 걷다 보면 상춘객의 발길이 닿지 않는 곳까지 들어서는데, 그곳에서 만나는 매화가 그렇게 감동적이다. 화려한 매화나무 군락 한가운데 서서 그 사이로 내리쬐는 햇볕을 맞아가며 봄기운을 한껏 받아낸다. 선선한 강바람이 사방에 있는 매화 향을 가득 담아 건네주는 순간, 감정에 북받치고야 만다. 달리 표현할 방법이 있을까. 그저 봄인 것을.

개화 3월 초
전남 광양시 다압면 지막1길 55 홍쌍리청매실농원
061-772-4066

느랭이골

백두대간 끝자락에 솟은 백운산의 정기를 가볍게 즐길 수 있는 곳
이다. 450m 고지에 조성한 휴양림은 피톤치드 가득한 느랭이편백
숲과 430만 개 LED 등으로 장식한 불빛축제광장, 글램핑장 등으
로 구성된다. 북적이는 도심을 벗어나 자연에서 힐링하고 싶은 이
들에게 느랭이골을 추천한다.

전남 광양시 다압면 토끼재길 119-32 | 1588-2704
www.neuraengigol.com

광양와인동굴

광양제철선 개량 사업에 따라 더는 사용하지 않게 된 터널을 활용해 와이너리를 포함한 복합 예술 공간으로 새롭게 꾸몄다. 세계 각지의 와인을 맛보고, 광양 매실로 와인을 빚어볼 수 있다. 터널 내부에 독특한 포토 존과 미디어 아트 전시 공간이 있으니 자세히 둘러볼 것.

전남 광양시 광양읍 강정길 33 | 061-794-7788
www.wmuseum.co.kr

순천 매곡동탑매마을

마을 주민 한 사람이 심은 홍매화가 골목을 뒤덮으며 새로운 명소가 탄생했다. 골목 양옆으로 홍매화가 짙게 피어나 장관이다. 인근에 카페 거리 '옥리단길'이 형성되며 즐길 거리도 풍성해졌다.

전남 순천시 매곡2길 48

양산 원동매화마을

양산 원동매화마을의 대표적인 매화 군락지 순매원의 전망대 앞으로 지금껏 볼 수 없던 풍경이 펼쳐졌다. 푸른 하늘, 유려하게 흐르는 낙동강, 매화 군락과 열차가 상춘객을 맞이한다.

경남 양산시 원동면 원동로 1421 순매원

서울 창덕궁

우리 선조들은 매화를 참 사랑했다. 왕족도 마찬가지다. 서울에서 매화를 보고 싶다면 고궁으로 가자. 특히 창덕궁 경내에 고궁의 정취와 잘 어울리는 홍매화가 있다. 홍매화가 필 때마다 관람객이 몰리니 서두를 것.

서울 종로구 율곡로 99 | 02-3668-2300 | www.cdg.go.kr

서귀포 칠십리시공원

제주 서귀포시가 일본 가시마(鹿嶋) 시와 자매결연 기념으로 칠십리시공원에 한일우호친선매화공원을 조성했다. 봄마다 매화나무 300여 그루가 한라산을 배경으로 꽃을 활짝 피운다.

제주 서귀포시 현청로 41-19

순천 선암사(선암매), 구례 화엄사(들매화), 장성 백양사(고불매)

남도의 유서 깊은 사찰에서는 천연기념물로 지정된 매화를 찾아볼 수 있다. 순천 선암사 선암매, 구례 화엄사 들매화, 장성 백양사 고불매가 대표적이다. 사찰의 고즈넉한 정취와 함께 봄날의 낭만을 선사한다.

전남 순천시 승주읍 선암사길 450 선암사
전남 구례군 마산면 화엄사로 539 화엄사
전남 장성군 북하면 백양로 1239 백양사

유채꽃

행복 회로가 돌아가는 유쾌한 봄날의 꽃밭

서귀포 가시리 유채꽃광장

정은주

유
채
꽃

서귀포 가시리 유채꽃광장

살랑대며 불어오는 봄바람이 뺨을 부드럽게 어루만진다. 변덕스러운 꽃샘추위도 물러가고 따사로운 봄기운이 온몸을 감싼다. 샛노란 꽃망울을 터뜨린 유채꽃이 절정을 이루는 시기. 한적한 마을 길과 아이들의 웃음소리가 들려오는 학교 앞 담장, 푸른 바다가 내려다보이는 언덕, 산간의 밭과 들판 할 것 없이 하늘거리는 유채꽃이 화사한 봄빛을 뿌려댄다. 눈부신 햇살 아래, 제주는 바다 한가운데 핀 황금빛 섬이 된다.

산방산과 성산일출봉, 엉덩물계곡 등 유채꽃 명소가 많지만, 으뜸을 꼽으라면 언제나 가시리 유채꽃광장이다. 꽃길 드라이브 코스로 유명한 녹산로와 가깝다. 한라산과 오름 군락을 병풍처럼 두른 너른 꽃밭에는 거대한 풍력발전기가 듬성듬성하다. 흰 구름이 점점이 떠가는 새파란 하늘 아래 천지가 유채꽃으로 가득하다. 컬러풀한 제주의 봄, 흐드러지게 피어난 꽃이 물결치는 속에 있으면 정신까지 혼미해진다. 그 꽃길을 처음 걷던 날, 봄바람 난 처녀처럼 마음이 어찌나 두근거리던지.... 바람이 불 때마다 노란 물결이 넘실대는 꽃밭은 가도 가도 끝이 없다.

꽃에 취해 한참을 머무르다 보면 현실에서 한걸음 비켜난 기분이다. 좀 전까지 머릿속을 헤집던 걱정거리나 잡생각이 사라지고 행복 회로가 쉴 새 없이 움직인다. 평소보다 많이 웃고 떠들고 즐거워하는 자신을 발견하곤 놀란 기억이 새록새록하다. 유채꽃 꽃말이 '명랑, 쾌활'이라는데 꽃밭에 이런 기운이 충만했을까. 해마다 봄이면 걸음이 절로 유채꽃광장으로 향하는 이유다.

개화 3월 중순
제주 서귀포시 표선면 녹산로 381

큰사슴이오름(대록산)

유채꽃광장에서 바라보이는 오름 중 하나다. 오름 형태가 사슴을 닮았다고 해서 붙은 이름으로, 작은사슴이오름(소록산)과 맞닿아 있다. 정상에서 보는 풍경이 장관이며, 특히 해 질 무렵 서쪽 하늘을 붉게 물들이는 노을이 아름답다. 탐방로가 잘 닦였고 정상까지 30분 남짓 걸린다.

제주 서귀포시 표선면 가시리 산 68

포토갤러리 자연사랑미술관

폐교한 옛 가시초등학교를 아담한 사진 갤러리로 꾸몄다. 제주 토
박이 서재철 사진작가의 작품을 상설 전시하며, 시즌에 따라 다양
한 테마로 기획전을 연다. 작가의 시선을 따라가면 낯설지만 신비
로운 제주가 보인다. 과거의 풍경을 담은 흑백사진도 인상적이다.

제주 서귀포시 표선면 가시로613번길 46 | 064-787-3110
http://hallaphoto.com

남해 두모마을 다랑논

푸른 바다로 둘러싸인 두모마을은 독특한 다랑논이 유명하다. 비탈진 곳에 층층
이 만든 다랑논이 샛노란 빛깔로 물들면 누구든 첫눈에 반하지 않을 수 없다.

경남 남해군 상주면 양아로533번길 18 | 055-862-5865

삼척 맹방유채꽃단지

국도7호선과 상맹방해수욕장 사이에 있는 동해안 최대 유채꽃 명소다. 끝없이
펼쳐진 꽃밭이 황홀함 그 자체다. 바람이 불 때마다 노란 물결이 넘실댄다.

강원 삼척시 근덕면 삼척로 3992-8 | 033-570-3546

서산 간월도 유채꽃밭

작은 섬에 화려한 꽃밭이 숨어 있다. 수평선과 맞닿을 듯 아스라하게 펼쳐진 유
채꽃밭은 봄날이 주는 선물이다. 무학대사가 창건한 간월암과 함께 둘러보면 좋
다.

충남 서산시 부석면 간월도리 685-8 | 041-660-2499

장흥 선학동 유채마을

득량만 바다가 포근하게 감싼 선학동마을은 다른 곳보다 꽃 피는 시기가 늦다.
보통 5월 초에 만개해 더 오래 유채꽃을 즐길 수 있다. 마을이 아기자기하고 서
정적이다.

전남 장흥군 회진면 회진리 201

부산 낙동강유채경관단지

부산의 대표적인 봄꽃 명소로 대저생태공원에 자리한다. 단일 유채꽃밭 중 최대
규모를 자랑한다. 꽃밭 사이에 관람로가 조성되어 부담 없이 산책하기 좋다.

부산 강서구 대저1동 1-5 | 051-971-6011

철쭉

봄바람 타고 살랑이는 핑크빛 설렘

단양 소백산

정철훈

철
쭉

단양 소백산

소백산은 바람이 참 좋다. 바람 맞으러 부러 소백산에 간다는 이도 많다. 특히 투명한 봄볕 지고 올라 산정에서 맞는 바람은 그 어떤 탄산음료보다 달고 상큼하다. 바람에 실려 찾아든 소백산의 봄은 연분홍 철쭉으로 완성된다. 4월 말부터 5월 중순까지 소백산은 흐드러지게 핀 철쭉으로 말 그대로 꽃 대궐을 이룬다.

당연한 얘기지만, 소백산 철쭉을 만나기 위해선 적잖이 발품을 팔아야 한다. 소백산 산행은 단양 천동계곡을 들머리 삼아 오르는 코스가 대표적이다. 산행을 시작하는 다리안관광지에서 비로봉까지 대략 6.8km. 만만찮은 거리지만 그나마 전체 구간이 완만한 오르막이라 쉬엄쉬엄 걸으면 별로 힘들지 않고 산정에 오를 수 있다. 산 좀 탄다는 이들에겐 조금 지루한 코스이기도 하다.

비로봉이 마주 보이는 능선에만 올라도 옹기종기 모여 앉은 철쭉 군락을 만난다. 솜사탕처럼 한껏 부푼 연분홍 철쭉은 초록으로 물들기 시작한 넉넉한 산과 무척 어울린다. 뭐랄까, 엄마 품에 안겨 잠든 아기 같은 모습이랄까. 꽃이 지고 잎이 나는 진달래와 달리, 철쭉은 꽃과 잎이 같이 피기 때문에 시각적으로 한층 풍성해 보인다.

산행에 자신이 있다면 비로봉과 연화봉을 잇는 능선을 따라 걸어도 좋다. 3km 남짓 이어진 이 길에서 만나는 철쭉 군락은 비로봉 일대와 또 다른 매력을 선사한다. 소백산 철쭉 하면 가장 먼저 떠오르는 이미지, 그러니까 소백산천문대를 배경 삼은 철쭉 군락의 아름다운 장면도 이 길에서 만날 수 있다. 소백산천문대에서 소백산국립공원 죽령탐방지원센터로 내려오는 코스가 포장된 임도라는 점이 조금 아쉽다.

개화 4월 말
충북 단양군 단양읍 소백산등산길 103
소백산국립공원 천동탐방안내소
043-423-0709

다리안관광지

솔티천을 끼고 조성한 단양의 대표 휴양 시설이다. 야영장, 돔하우스 등 숙박 시설을 갖춰 하루 이틀 머물기 좋다. 산책로 끝에서 만나는 다리안폭포도 매력적이다.

충북 단양군 소백산등산길 12 | 043-423-1243

고수동굴

1976년 천연기념물로 지정된 고수동굴은 약 200만 년 전에 생성된 석회동굴이다. 길이 1395m(개방 940m) 동굴에서는 종유석과 석순 외에도 세계적으로 희귀한 아라고나이트 등 다양한 동굴 퇴적물을 볼 수 있다.

충북 단양군 단양읍 고수동굴길 8 | 043-422-3072
www.gosucave.co.kr

합천 황매산

우리나라를 대표하는 철쭉 군락 가운데 하나다. 황매평원까지 차로 오를 수 있어 누구나 편하게 철쭉 군락을 만난다. 가을철 은빛으로 물든 억새 군락도 멋지다.

경남 합천군 가회면 황매산공원길 331 | 055-930-4769 | www.hwangmaesan.kr

남원 바래봉

지리산이 품은 바래봉은 우리나라 제일의 철쭉 명소다. 바래봉을 중심으로 세걸산까지 약 3.5km에 걸쳐 철쭉 군락이 분포한다. 해마다 철쭉이 만개하는 시기에 지리산운봉바래봉철쭉제가 열린다.

전북 남원시 운봉읍 바래봉길 214 | 063-632-1330

군포 철쭉동산

산본신도시에 자리한 테마 공원이다. 예쁜 산책로에 철쭉 20만여 그루를 심었다. 경관 조명을 설치한 철쭉폭포, 중앙무대 등 다양한 편의 시설도 갖췄다.

경기 군포시 산본동 1152-14 | 031-390-0411

청양 안심사

수월산 자락에 들어앉은 아담한 사찰이다. 스님들이 20여 년간 정성껏 가꾼 철쭉이 경내에 가득하다. 불 밝힌 연등과 철쭉이 어우러진 야경이 아름답다.

충남 청양군 대치면 상갑1길 130-23 | 041-942-5707

전주 완산칠봉 꽃동산

동학농민운동 당시 격전이 벌어진 역사의 현장이다. 팔각정에 이르는 산책로에 철쭉과 겹벚꽃이 장관이다. 산 중턱 칠성사 약수도 유명하다.

전북 전주시 완산구 동완산동 산 124-1 | 063-241-6949

부산 애진봉

백양산의 주봉이다. 2007년부터 해마다 산철쭉을 심어 부산을 대표하는 철쭉 군락이 됐다. 백양산 입구부터 애진봉까지 임도가 마련돼 누구나 편하게 다녀올 만하다.

부산 부산진구 당감동 산 34 | 051-605-4547

등
꽃

오월 연보라는 느긋하여 내게

예산 대흥슬로시티

박상준

등
꽃

예산 대흥슬로시티

5월의 꽃은 느긋하게 대할 수 있으면 좋겠다. 길을 걷다 눈인사를 나누고서 누구지 가물가물해 고개를 갸우뚱하고는, 그래도 아무 일 없다는 듯 봄날 속으로 스며들면 좋겠다. 나는 지금 화려한 꽃 여행을 말하려는 게 아님을 완곡히 전달하고 있다. 우리는 막 꽃이 찬란한 4월을 지나오지 않았는가.

예산 대흥슬로시티는 내게 그러한 5월의 여행지다. 교과서에 나온 '의좋은 형제' 이야기가 실재한 마을은, 형제의 우애를 기리는 예산이성만형제효제비(충남유형문화재)가 대흥동헌(충남유형문화재) 입구에서 마중한다. 효제비 곁에는 키 큰 느티나무 고목이 있고, 그 옆에는 등나무 퍼걸러 쉼터가 단출하다.

나는 등나무 꽃자루가 보슬보슬하게 흐드러진 퍼걸러 그늘에서, 슬슬 여름 땡볕 흉내를 내는 5월의 햇살을 피해 머문다. 유여하여 고요한 동네는 가슴이 뛸 때마다 '슬로 슬로 slow slow' 하고 어른다. 그러다 동헌으로 들어서는 마루에 걸터앉아 담 너머 설핏한 등꽃을 살피기도 하는 것이다. 마을에는 150년 된 느티나무를 몸 안에 품고 살아 '사랑나무'라 불리는 수령 600년 은행나무와, 당나라 군사들이 배를 묶어두어 '배맨나무'라 불리는 1000년 노거수가 너른 그늘을 내어주지만, 5월은 등꽃이 연보랏빛으로 손짓하는 계절이니까, 손바닥을 간질이는 연한 꽃자루의 맞장구에 주책스레 잠깐 설레기도 하는 시절이니까.

이 마을에 꽃 대궐은 없다. 우연하여 반갑게 마주할 작고 소중한 등꽃이 골목 어디선가 자수정처럼 반짝인다. 5월의 꽃그늘은 그저 그만큼이면 족하다. 꽃을 잊지 않을 만큼. 적어도 햇살 가득 푸른 5월의 나는 그러하다.

개화 5월 초
충남 예산군 대흥면 중리길 49
041-331-3727

예산 대흥슬로시티 손바닥정원

대흥슬로시티에는 주민이 마당에 직접 가꾼 손바닥정원이 여럿이
다. 누구나 자유로이 들어갈 수 있는 개방 정원이다. 그 가운데 가
위손의덩굴장미정원이 유명하다. 덩굴장미와 토피어리가 아름다
운데, 5월에는 등꽃이 소담스러운 터널을 연출한다.

충남 예산군 대흥면 중리길 49 | 041-331-3727

봉수산자연휴양림과 임존성

대흥슬로시티 뒤편은 봉수산이다. 봉수산자연휴양림에서 쉬어 갈
수 있다. 휴양관에서 예당호 너머 능선으로 일출이 보인다. 휴양림
에서 백제 부흥군의 마지막 근거지 예산 임존성(사적)까지 가벼운
등산로가 있다. 둘레 약 3km 산성이 압도한다.

충남 예산군 대흥면 임존성길 153 | 041-339-8936

서울 정독도서관

1977년 옛 경기고등학교 자리에 열었다. 국가등록문화재로 지정된 도서관 건물이 운치 있다. 교정의 퍼걸러도 고전적 낭만을 전하는데, 등꽃이 피는 5월에 절정을 이룬다.

서울 종로구 북촌로5길 48 | 02-2011-5799 | https://jdlib.sen.go.kr

서울 덕수궁 석조전대한제국역사관 앞

덕수궁 석조전대한제국역사관 앞 분수대 남쪽으로 20m 남짓한 퍼걸러 쉼터가 있다. 등꽃 사이로 보이는 석조전대한제국역사관과 국립현대미술관 덕수궁이 고풍스럽다.

서울 중구 세종대로 99 | 02-771-9951 | http://deoksugung.go.kr

무주 등나무운동장

고 정기용 건축가가 무주공공건축프로젝트 일환으로 설계했다. 운동장 둘레로 등나무 쉼터를 조성해, 등꽃이 피면 운동장에 연보라색 띠를 두른 듯하다. 무주산골영화제가 열리는 주 무대다.

전북 무주군 무주읍 한풍루로 326-14 | 063-320-5616

함안 강나루생태공원

공원에 수형이 아름다운 등나무 한 그루가 있다. 나무를 둘러싼 파란색 철제 의자와 대비되어 눈길을 사로잡는다. 비록 한 그루지만 꽃 피는 5월에는 공원의 주인공이다.

경남 함안군 칠서면 이룡리 161 | 055-586-2510

공주 동학사계곡

계룡산 동학사는 봄날 벚꽃 명소다. 벚꽃이 진 뒤에는 등꽃이 핀다. 식당가 계곡 20~30m 구간은 콘크리트 포장에도 불구하고 등꽃이 피면 더없이 화사하다.

충남 공주시 반포면 학봉리 729-3 계룡산국립공원 동학사주차장 | 042-825-3002

부산 남천녹차팥빙수(보성녹차 부산지사)

부산도시철도 2호선 남천역 앞에 있는 등꽃 명소다. 양쪽 상가 위로 꽃그늘을 드리워 이국적인 풍경을 연출한다. 녹차팥빙수 맛도 일품. 오가는 차량에 주의해야 한다.

부산 수영구 수영로394번길 29 | 051-625-5544

김수진
여전히 여행에 설레는 나여서, 다행이다.

민혜경
여행을 좋아하고 음식을 사랑하다 맛있는 여행길을 찾았다.

강민지
계절의 접점에서 풍기는 바람 냄새, 햇볕 냄새를 사랑한다.

최갑수
여행을 가고, 여행을 가지 않을 땐 여행을 궁리한다.

유은영
삶이 그러하니, 만나는 이에게 내보일 것도 오로지 풍경뿐이다.

김숙현
허락 없이 훌쩍 새벽 기차를 탔던 열여덟의 내가 지금 여기 여전히 있다.

장태동
길 위에서 길을 찾다.

진우석
시인을 마음에 품고 여행작가 몸으로 산다.

김정흠
세상에 재미난 것이 너무 많아서 힘든 21세기형 한량 DNA 보유자다.

정은주
일상과 여행의 경계에서 아슬아슬한 줄타기를 즐긴다.

정철훈
사진이 좋아 시작한 여행으로 20년째 밥은 먹고 다닌다.

박상준
공간(space)과 이야기(story), 영화와 숲을 키워드로 여행한다.

당신에게 열두 꽃 여행

초판 발행 2023년 6월 27일
글 사진 강민지 김수진 김숙현 김정흠 민혜경 박상준
유은영 장태동 정은주 정철훈 진우석 최갑수
발행인 김애진
디자인 이수정
초고 교열 김지영
사진 도움 김애진

발행처 여가콘텐츠
출판신고 2017년 7월 31일 제2017-000010호
전화 0507-1363-2148
이메일 aj_foto@naver.com
인스타그램 @freetimecontents